風格野炊食譜

路邊烤肉 —— 著

目次

本書使用材料中有「＊」標示者，為路邊烤肉官網「路邊生鮮製造所」販售之商品，歡迎前往 www.wildbbqshop.com 選購。

專注做好一件事，化繁為簡的純粹心念

——心地日常店主 蔣雅文

第一次認識「路邊烤肉」是在數年前的一場快閃活動上，與「島東譯電所」合辦的一次實驗性藝術展出。選址在花蓮傳統菜市場內，大大小小的霓虹燈裝置散落在市場各處，地下樂團背著電子吉他，直接就在豬肉攤販前架起了舞台，搖頭晃腦彈奏著 lo-fi 旋律，視覺、聽覺很衝突卻也很有趣，但讓我印象最深刻的，是「路邊烤肉」團隊用木炭生起了爐火，在寒流下為大家送上源源不絕的免費熱湯和烤肉。

俗話說得好，「民以食為天」這句話還真沒錯，現場聚集的除了我們這群年輕人，也引來了一票聞香而來的在地老街坊，拖著回收紙箱的阿婆，馬路對面蹲坐在板凳賣芭樂的阿伯，騎著歐兜賣嚼著檳榔的大叔，在門口探頭探腦的這些好奇目光，全都被他們熱情招待入場一起同樂。這場地、這燈光、這音樂、這群原本毫不相干的賓客，居然構成了無比和諧的畫面，目睹這一切的我簡直拍案叫絕，這根本算是某種社會實驗了吧！

大概只有美食能將眼前這一切衝突性極大的元素完美融合，他們手中的烤肉夾像是一把能打開結界的鑰匙，不只是前衛與傳統空間結合這種表象層面，而是直接打破了共樂的世代隔閡！

當時我對他們這種破格、親和力十足的經營手法留下深刻印象，不故步自封也不拘泥於客群，只要你喜歡吃烤肉，老闆便親自烤給你吃！率領團隊主動走入人群，散發與他年齡不相符的大將之風。後來「路邊烤肉」在短短數年間，陸續在全台各縣市拓展近三十家分店，只能說這結果完全不讓我意外。

當你翻開手中這一本《路邊烤肉風格野炊食譜》，它不只是一本實用的工具書，還承載著被稱之為信念的重量，而這一切源自於十二年前有個小伙子，因愛上野營、野炊烹飪，於是決定大膽創業將工作化為熱愛的生活樣貌。心無旁騖，日復一日，專注做好一件事，如此化繁為簡的純粹心念，也許就是「路邊烤肉」的成功之道。

此書彷彿也有一種神奇的魔力，能驅使我無視廚房內那些堆積如山的（廢物）小家電，試著只帶上簡單的野炊裝備，回歸山林來一場簡單而滿足的身心靈盛宴。畢竟活在這個資訊／營養過剩的年代，我們更需要的大概是一種精神餵食，而我相信這本書能成為大家的解饞良方。

衝呀！今晚不如去野炊！

——前日本戶外雜誌《GO OUT》國際中文版編輯 MiniCherryb

在《GO OUT》國際中文版雜誌工作，參加台灣各大小露營祭，讓我見識到台灣人對於野外炊煮的認真，後來從香港來台灣旅居，更發現台灣人對烤肉的鍾愛超乎了我的想像。如同「路邊烤肉」創辦人 Alan 曾說過當兵時最喜歡吃「乾杯」，我本來對台灣烤肉的印象也只是停留在「乾杯」的畫面，但原來到了中秋節，台灣家家戶戶，甚至便利店的店員也會在門外烤肉，實在場面盛況空前。後來又發現了「路邊烤肉」，這種自選新鮮食材現點現烤的無煙燒烤店，也讓我嘆為觀止。

有次在一場日台露營音樂祭，遇到「路邊烤肉」，在還像盛夏的初秋，他們的攤位峰煙四起，客人源源不絕，烤肉的香氣傳遍整場音樂祭，原來烤肉可以這樣有型又好吃！不像香港，一人拿著一隻長長燒烤叉圍爐BBQ，「路邊烤肉」在戶外的野炊貼近我對美式庭園燒烤的印象，乾淨瀟灑、自由自在。

比起戶外音樂祭及烤肉活動，我其實更熱愛登山、露營，因為體力有限一直追求輕量化的自給自足，為了達到目的，首要犧牲的就是食材，但這本書教我野炊跟美食或許可以兩者兼得！我知道最簡單的方法就是帶上一位路邊烤肉大廚（笑），但哪來這麼好的福氣？所以這本書近40道野炊菜色，我會熟練幾道例如：一定不會失敗的「烏魚子麻糬燒」、

泡麵可以這樣吃的「脆酥麵炒水蓮」，以及可以在家預先調製好水果醬的「燻鴨胸佐奇異果青醬」。當然這本書厲害的地方不只一眾流汗壯男、熱褲美女，而是結合了台灣很多美麗的地方，從宜蘭古物店頂樓到台東嘉明湖都一一被收錄，真心懷疑這群野炊小子，不在內場就在山林。也難怪，只有如此享受戶外的人，才可以這般喜歡野炊，烤肉不只是工作，而是他們體驗生命跟大地結合的媒介。這樣的一群人，在我十幾年採訪的經驗中，已可以說是職人。

而職人都有一種使命，叫做傳承，最初我聽 Alan 說想出版這本書，是為了紀念「路邊烤肉」成立 10 週年，後來全世界一同挺過疫情，到了今天這書終於出版，我想它要記念的事已經多了更深的意義，同時也成為野炊烤肉的傳承之作。不只教大家做菜，不只是食譜，而是傳承「路邊烤肉」理想中的台灣山林野炊文化。

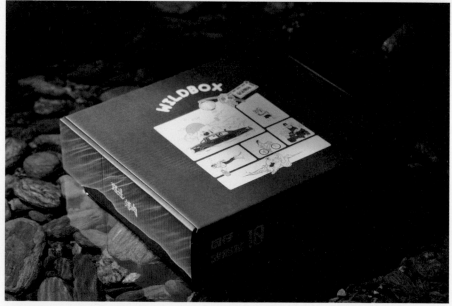

作者序

既然內場很熱，不如直接去野炊

大家好，我們是路邊烤肉！

路邊烤肉 WildBBQ 創立於 2011 年宜蘭羅東，店內裝潢及擺設為店主及幾位夥伴敲敲打打完成。是一間結合「粗獷」、「露營」及「手工木作」的燒烤店，走到第 13 年，直到本書出版，共擁有 25 家分店遍及全台灣及離島，也擁有自家的「路邊生鮮製造所」，讓大家隨時隨地可以吃到美味烤肉。

現在的路邊烤肉，除了食物一樣美味外，每間分店都有其在地特色，像是府城的歷史文化、風城的不羈、小琉球的浪漫⋯⋯呈現出既獨特又一致的美味。就像這本食譜一樣，即使是同樣的步驟、食材，我們相信在不同的戶外環境、跟不同的朋友享用，一定會造就意想不到的風味，希望大家都可以加入成為「路邊烤肉」的大廚！

我們因為熱愛山林、溪海，感恩在台灣能輕易接近里山野溪，對於保育大自然，我們覺得就跟烤肉一樣，越單純的烹煮方法，越能體現山海之間的風景。所以希望藉著分享在野外僅以柴火、高山瓦斯烹煮食材，來致敬所有僅靠自身力量走遍高山、溪谷的朋友：致食材、致大地。

首度挑戰以台灣山林為主題的野炊燒烤食譜，不僅希望讓大家可以大展身手，更重要是以烤肉帶出台灣大自然之美。斟酌個人體力，走入適合自己與朋友的風景，一起野炊，好好過日子，好好愛惜食材，愛護大地，那裡就是路邊烤肉。

野溪溫泉之絕景料理

高雄十坑野溪溫泉

野炊，溯溪三小時後

一行八人從河床，分裝食材、食器，全部放進登山包，只能倚靠自身的力量背負。我們除了需要經過多次冰冷的溪水，大部分時間是走在由溫泉沖刷出來的碳酸鈣沉積物之上，久經年月的沖刷加上落石，堆成了獨特的地質。

高雄十坑野溪溫泉

位於高雄市桃源區的寶來溫泉區，距離高雄市區約兩小時車程，在產業道路的盡頭，就是寶來溪，在乾旱的季節，人們可以溯溪走入山谷之中。高雄十坑野溪溫泉屬於小田原山山系溪谷，溫泉水由岩壁流出，屬於弱鹼性碳酸泉，剛好可以鎮靜、舒緩爆曬後的肌膚。

烤肉，並不會因為行程艱苦而停竭；

美味，是因為用自身能量背負前行。

升火之前的事

寶來溪為荖濃溪第二大支流，溪長 28 公里，這種綿綿野溪，久經大自然洗禮，在河水、溫泉沖刷下，河床跟橋面的距離有了落差，撿拾枯枝升火也更具挑戰。但挑戰本來就是野炊好玩之處，也是令食物更美味的原因。

撿拾不同尺寸的乾枯枝是到達營地後的首要任務，「升火」是原始世界裡，求生的學問。遠離雜草，以較大的碎石堆砌出火圈圍牆，不但可用來控制火候，更是野外升火基本安全知識。

飛魚辣醬牛肉麵

牛肉，含高蛋白質、鐵質、B 群、葉酸，而且有豐富的胺基酸，於需要體力的健行登山戶外活動，提供人體所需營養。

材料

牛肋條	1200 g	* 飛魚辣醬	80g
洋蔥	1 顆	糖	40g
白蘿蔔	1 根	八角	4 顆
胡蘿蔔	1 根	花椒	10 g
水	3500ml	白胡椒粉	少許
調味料		鹽巴	適量
醬油	120 ml	（視醬油鹹度可不加）	
米酒	100 ml	麵條	6 人份

作法

1. 牛肋條切大塊，冷水放肉煮滾去血水，洗淨備用。

2. 白蘿蔔、胡蘿蔔、洋蔥，切塊。

3. 將水及調味料倒入鍋中煮滾。

4. 放入牛肋條、白蘿蔔、胡蘿蔔、洋蔥煮滾，轉小火煮一小時，關火燜半小時。

5. 將麵條煮熟放入碗中，加入燉好牛肉湯與食材即可。

　　　　* 飛魚辣醬為季節性商品，也可以市售麻辣醬代替。

Special Guest

台灣三六八創辦人 368 陳彥宇

19 歲開始以 10 年時間為限，走遍台灣 368 鄉鎮拍攝，手臂更刺上「山林為被、海洋為床、大地為家，戶外是我的信仰」刺青，現以專業登山知識，經營戶外活動行程品牌「台灣三六八」，為每位團員帶來安全的戶外體驗，以及守護自然的觀念，當然也是山林野炊戶外美食專家，經典拿手料理：登山紅燒牛肉麵。

味噌松阪豬

在原始部落中，豬肉是神聖的，美味、飽足，也代表力量。

城市人如我們，偶然能在原始山谷之中，享受以野火燒烤而成的松阪豬，美味來自埋藏在回憶中對火灼肉品的垂涎。加上特調醬汁，即使在日常，也能輕易回味這趟原始美味。

材料

松阪豬	1 片（300g）
調味料	
白味噌	30g
醬油	10ml
米酒	10ml
味醂	10ml

作法

1. 松阪豬洗淨後擦乾，用叉子平均在表面戳洞。

2. 取容器將調味料倒入拌勻，放入松阪豬，平均將醬料塗抹在松阪豬上。

3. 將抹上調味料的松阪豬放入密封袋中，冷藏醃 12 小時（醃製後若沒有馬上使用，請移至冷凍保存）。

4. 取出味噌松阪豬將表面醬料稍微去除，放上烤網用小火烤至兩面呈金黃酥脆。

*「路邊生鮮製造所」官網也有販售舒肥味噌松阪豬。

> **Tips** 松阪豬又名玻璃肉，位於豬脖子連接下巴兩側，薄薄兩片，一頭豬只能取得約 500～600 克，所以非常珍貴，更被稱為「黃金六兩肉」。肉質肥而不膩，口感帶脆，以醬烤最為美味。

長期被溫泉水養殖的藻類，像翡翠般生長在深山之中。
野炊這件事，花時間觀察、鑽研、練習，
也能像翡翠般沉穩而珍貴。

鹽烤香魚

在日本料理中，肉質細緻的香魚，被視為高級海產。台灣宜蘭香魚養殖場引入日本品種，控制品質。路邊烤肉起源於宜蘭，特別在高雄山谷中跟大伙兒一起品嘗家鄉特產，別有意義。香魚本身帶有黃瓜的清香味，只需要簡單鹽烤，即能完美地保持香魚的獨特肉汁。在寂靜溪谷中，香魚皮開始變脆，魚油滴在柴火之中，發出劈哩啪啦的聲音，就是療癒。

材料

*宜蘭抱卵母香魚	1 尾
鐵串（烤肉串）	1 支
鹽巴	少許

作法

1. 鐵串（烤肉串）由香魚鰓處串入，沿魚骨彎曲魚身，由香魚尾處串出，魚身呈 W 形狀（須沿著魚骨串，不然翻面時會只有鐵串空轉）。

2. 在香魚鰭抹上一層鹽（避免魚鰭烤焦，烤完後若魚肉不夠鹹，可搭配一點酥脆的魚鰭入口）。

3. 魚身兩側撒上少許鹽巴。

4. 插至焚火堆旁，將兩面烤至呈現金黃色。

希臘風綜合時蔬烤肉串

串燒是全世界燒烤文化的共同語言，野炊串燒能因應季節，隨興搭配喜愛的蔬菜，加上路邊烤肉的舒肥義式雞腿排，任何時候都可以輕易端出讓人拍手叫好的料理。但要如何讓人留下深刻印象呢？關鍵在於「沾醬」，優格是雞肉好搭擋，牛肉麵湯底使用的飛魚辣醬也可同時使用。而花生醬也是驚喜點睛之筆，隔天早上用來塗吐司也不錯，多花些心思準備多用途的食材，也是野炊樂趣。

材料

牛肋條	300g
*舒肥義式雞腿排	1 塊
紅甜椒	1/2 顆
黃甜椒	1/2 顆
櫛瓜	1 條
紫洋蔥	1/2 顆
大蔥	1 根
鹽巴	少許
黑胡椒	少許
鐵串	數支

醬料

希臘優格	1 杯（150 g）
花生醬	35g
*飛魚辣醬	15g
香菜末	5g
檸檬汁	10ml
鹽巴	少許

作法

1. 牛肋條及雞腿排切至約 2.5 公分塊狀。

2. 牛肋條灑上鹽巴、黑胡椒醃製調味。

3. 紅甜椒、黃甜椒、紫洋蔥、大蔥、櫛瓜，切至與肉類大小一致。

4. 依個人喜好順序將食材串入鐵串內，灑上鹽巴、黑胡椒。

5. 醬料中所有調味料拌勻備用。

6. 將烤肉串放上烤爐烤熟，沾取醬料食用即可。

* 飛魚辣醬為季節性商品，也可以市售麻辣醬代替。

脆酥麵炒水蓮

在旅程的尾聲，意想不到台灣兩大名物的聯名，讓人驚喜不絕，肉食性團員也搶著吃最後的野溪美食，完美 Ending ！

材料

水蓮	1 包（150g）
市售肉燥麵泡麵	1 包

作法

1. 肉燥麵泡麵捏碎，取出醬料包、調味包。

2. 水蓮洗好，切段瀝乾。

3. 醬料包倒入炒鍋內熱鍋，放入水蓮翻炒，再倒入調味包炒熟。

4. 將水蓮盛盤，平均撒上捏碎的泡麵即完成。

總覺得美味跟體力的付出成正比，由事前的準備，調理包的整理，到出發時的整裝，走進溪谷，爬上落石，浸過泉水，以最原始的方法生，也用最簡單的裝備跟自然共處。昨夜，泉水潺潺的聲音，溪中多樣性生物的悠然，剛好是這晚最佳甜品。早上醒來，目送昨日宿友收拾背包，一一爬過溫泉流水，背影漸完，吃過最後一口水蓮，感謝昨晚的美食。

Route 02

露營界的
豪華海鮮餐

花蓮七星潭露營場

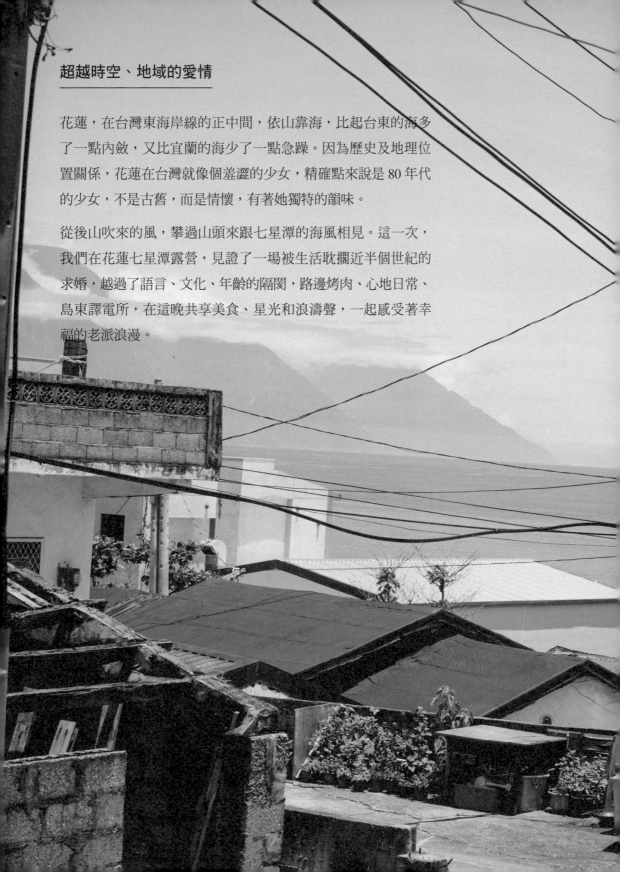

超越時空、地域的愛情

花蓮，在台灣東海岸線的正中間，依山靠海，比起台東的海多
了一點內斂，又比宜蘭的海少了一點急躁。因為歷史及地理位
置關係，花蓮在台灣就像個羞澀的少女，精確點來說是 80 年代
的少女，不是古舊，而是情懷，有著她獨特的韻味。

從後山吹來的風，攀過山頭來跟七星潭的海風相見。這一次，
我們在花蓮七星潭露營，見證了一場被生活耽擱近半個世紀的
求婚，越過了語言、文化、年齡的隔閡，路邊烤肉、心地日常、
島東譯電所，在這晚共享美食、星光和浪濤聲，一起感受著幸
福的老派浪漫。

其實我們吃進去的是幸福，
是那種被珍惜的感動。

這裡曾叫作，洄瀾

「花蓮」舊名為「洄瀾」，有人說是因為中央山脈山上的溪水從花蓮溪直奔到太平洋時，水勢磅礡，「洄瀾」就是對水勢的形容，或者是當時人們對「嘩啦嘩啦」水聲的諧音，不管真實原因是什麼，從「洄瀾」可見太平洋、溪、海在花蓮的代表性。

七星潭

七星潭位於花蓮市區東北方海邊，全長20多公里。在30年代日治時期，真正的七星潭已因開闢用地被填平，現在於七星潭看到的海洋，並不是潭，而是真正的太平洋！七星潭因海浪對海岸的侵蝕，岩石經過海水沖蝕、翻滾來到七星潭，為遊人帶來令人療癒的圓形礫石灘。

各種鮮味交織的交響樂

順理成章，「海產」自然成了這一次在七星潭豪華露營的主軸，下
榻營地後，路邊烤肉主理人 Alan 隨即打開一箱大龍蝦，為今晚豪華
晚宴敲響序幕。以流動花蓮淨水沖刷飽滿的生猛龍蝦，可讓龍蝦保
持最佳新鮮味道。關於「豪華」，你的想像是什麼？在戶外時又是
如何呢？海鮮吃到飽正是這次的重點主題。

路邊烤肉

蒜燒酒釀龍蝦

豪華在於食材的珍貴及新鮮之外,更包括時間上的醞釀。你有吃過酒釀嗎?花蓮名店「心地日常」的祕製甜酒釀冰品,酒麴的韻味是在時間之中發酵熟成,所以甜酒釀的醉,是讓「醉」提升到甜美與成熟之間,這道「蒜燒酒釀龍蝦」突破一般蒜香蒸烤龍蝦的單一,在糯米的甜中包含時間釀造出來的醇香,完美地配合龍蝦的鮮味,讓人齒頰留香,相互加乘,平分秋色。

材料

龍蝦	2 尾	胡椒粉	少許
沙拉油	20ml	米酒	50ml
蒜泥	30g	水	150ml
蠔油	30ml	蔥末	適量
甜酒釀	30g		

作法

1. 龍蝦洗淨,從身體中間對切成兩半備用。

2. 龍蝦放置烤爐,烤至表面微熟(龍蝦肉變白即可)。

3. 將油倒入鍋中,加入蒜泥炒香,再加入水、胡椒粉、蠔油、甜酒釀、米酒攪拌煮滾,放入烘烤過的龍蝦收汁煮熟。

4. 將煮好的龍蝦呈盤,並以鍋中剩餘醬汁平均淋在龍蝦肉上,最後撒上蔥末即完成。

Special Guest

心地日常店主 蔣雅文

活躍於攝影界、跨足餐飲甜點冰品，15 年前移居台灣落地生根，將上海老家祕製手工酒釀發揚光大，開設「心地日常」冰店已逾 10 個年頭。首創以酒釀入冰，醉翁之意只為刺激五感味蕾，獨特口味更成了花蓮必訪名店之一。

生蠔一口乾

面對大海的豪華盛宴，怎麼少得了生蠔？撬開生蠔殼時，新鮮海水的鹹味飄進鼻腔，那一種鹹，稱為「鮮」。沒有其他海鮮能讓我們體驗到鹹的珍貴，如果豪華非實體，那麼人生之中的豪華一定包括時間。讓我們成為時間富翁，或者可以從一口生蠔中覺察到，那種新鮮、蠔的大小、肉質的肥美都是剛好。我們跟家人好友相聚時，絕對值得花時間在生蠔上，美食、美景、親友，一 shot 伏特加，值得奢侈。

材料

生食級生蠔	4 顆
鮭魚卵	適量
檸檬角	4 舟
伏特加	30ml 4 杯

作法

1. 生蠔沖水洗淨，用刷子或牙刷把殼上的泥沙刷洗乾淨。

2. 生蠔放在乾淨的抹布上（建議戴手套或以乾淨抹布壓住生蠔）讓其不會滑動，把生蠔刀尖頭插入生蠔殼尾部連接點的側邊，扭轉刀子讓連接殼的點鬆動，當刀子順利插入生蠔中，即可撬開。

3. 撬開生蠔後擠上檸檬汁，鋪上鮭魚卵，最後可再放一朵食用花點綴。

4. 在食用前搭配一杯 shot，可搭配個人喜好白酒種類，本次料理使用伏特加，每杯約 30ml。

路邊烤肉醬炭火羊小排

有了海味，怎能少得了山珍，來點不一樣的羊小排及煙燻鴨胸。這一次的露營以豪華為主題，真正的原因是有家中長輩同行。來到花蓮，除了「心地日常」的雅文跟星級蔣爸爸、蔣媽媽外，還邀請到「島東譯電所」主理人阿光及光爸光媽出席。能邀得長輩一起露營，當然是一種奢侈，所以更值得奢侈！路邊烤肉的盛宴，又怎麼能少得了烤肉？今晚不吃牛排，來點不一樣的羊小排、煙燻鴨胸，由路邊烤肉主廚二哥為貴賓獻技。

材料

羊小排	4 片	馬爾頓海鹽	10 g
紫洋蔥	半顆	橄欖油	適量
黑胡椒	5 g	*路邊烤肉醬	適量

作法

1. 羊小排用馬爾頓海鹽、黑胡椒、橄欖油，搓揉按摩拌勻後，醃製 30 分鐘。

2. 將醃製完成的羊小排放上烤爐，用大火烘烤 1 ～ 2 分鐘，將表面金黃上色鎖住肉汁，取出靜置盤中約 5 分鐘。

3. 紫洋蔥切 4 瓣，放上烤爐火源外圍，兩面塗上路邊烤肉醬、撒上馬爾頓海鹽，以小火烤熟。

4. 將靜置後羊小排放回烤爐，雙面塗上路邊烤肉醬，翻面平均烤 2 ～ 3 分鐘後取出盛盤，擺上烤熟的紫洋蔥即完成。

煙燻鴨胸佐奇異果青醬

奇異果入菜,已經是不得了的創意,而特別點綴其中的「芥末籽醬」則經常出現在西式餐點,這種醬的做法主要是把芥菜類的籽混合醋、鹽等醃製,而法式芥末籽醬更加入勃根地葡萄酒祕製。所以使用法式芥末籽醬醃燻鴨胸,風味會再度提升層次感,讓煙燻鴨胸變得更特別。

材料

煙燻鴨胸	1 片	橄欖油	少許
奇異果	1/2 顆	檸檬角	1 舟
紫洋蔥	1/6 顆	（或用新鮮檸檬汁代替）	
蒜碎	10 g	食用花	適量
芥末籽醬	5 g		
鹽	少許		
黑胡椒	少許		

作法

1. 奇異果及紫洋蔥切碎,放入碗中,加入橄欖油、鹽、黑胡椒、芥末籽醬、擠入檸檬汁,拌勻備用。

2. 將煙燻鴨胸皮畫井字刀,放入鍋中轉小火煎,將鴨皮油質逼出,煎至表面金黃後翻面,待鴨胸煎熟,取出靜置 10 分鐘。

3. 將靜置後煎熟的煙燻鴨胸切片,淋上調好的奇異果青醬,擺上食用花點綴即可。

自製煙燻鴨胸

材料

生鴨胸	1 片
黑胡椒	適量
馬爾頓煙燻海鹽	適量
橄欖油	適量

本次煙燻使用龍眼木（也可使用有油質含量香氣原木）

作法

1. 將鴨胸放入保鮮袋內，倒入黑胡椒、海鹽搓揉後，倒入橄欖油，將保鮮袋綁起放入冰箱醃製一晚。

2. 使用有蓋子的烤爐，將木炭擺置炭爐左側 1/4 處，其餘 3/4 下方不需要火源，將炭火生起鋪平打散降低火溫，擺上龍眼木（碎木，碎木可事先準備好），將炭火控制在 120～130 度，擺上烤網，在炭爐右邊擺上醃製一晚的鴨胸，蓋上爐蓋悶烤 1.5～2 小時（依溫度狀況調整）即可。

烏魚子麻糬燒

吃海產大餐，又怎麼可以錯過「烏魚子」？製作烏魚子從養殖烏魚、等待成魚卵的過程及製作過程就很花時間，加上烏魚子的營養價值，一年一度的季節限定等因素，讓烏魚子榮獲海產「烏金」之美譽。一般吃法除了酒炙煎烤配上水梨片外，為了向韓式燒烤甜點「麻糬燒」致敬，何不嘗試看看「烏魚子麻糬燒」，讓貴賓享受不一樣的台韓燒烤甜品。

材料

烏魚子	4 片	蘿蔓生菜	適量
*日式烤麻糬	4 片	美乃滋	適量
海苔	4 片		

作法

1. 烏魚子雙面都浸泡米酒 5 分鐘，將表面薄膜去除。

2. 將已去膜的烏魚子放上烤爐，烘烤至表面金黃上色，切片。

3. 蘿蔓生菜清洗切絲瀝乾備用。

4. 麻糬放上烤爐，烘烤至表面金黃上色。

5. 海苔放上烤爐烘烤兩面約 5 ～ 8 秒，使海苔更乾燥。

6. 依序在海苔上放上麻糬燒、蘿蔓生菜絲、美乃滋、烏魚子，即完成。

黑蒜雞湯

從一般蒜頭變成黑蒜頭，最簡易的方法也需花上 15 天保溫，所以黑蒜單價也較高，而黑蒜當中的營養也愈來愈受到關注，加進滋補雞湯中一起熬煮，簡單又養身，是老少咸宜的補品。

材料

土雞	半隻
黑蒜頭	3 球
蒜頭	8 辦
枸杞	1 小把
米酒	半瓶
鹽	少許

作法

1. 熱一鍋水，待水滾後土雞川燙備用。

2. 黑蒜頭去膜，新鮮蒜頭用刀面輕壓壓裂，枸杞洗淨泡水備用。

3. 將川燙過的土雞放入鍋中，加水蓋過土雞，放入黑蒜頭、蒜頭、枸杞、米酒。

4. 開火煮滾後轉中小火燉煮 40 分鐘，加入適當鹽巴調味即可。

帆立貝鮭魚親子丼釜飯

連澱粉質也是豪華!「釜飯」(釜めし)是日本一種傳統鍋飯,通常是將米飯直接放在鍋中煮成飯,並整鍋端上桌享用,通常使用鐵鍋。在戶外野炊可以考慮使用鑄鐵鍋,以直火燜煮。傳統上多搭配雞肉、香菇一起燜煮,這次改做海鮮版。待米飯充分吸收高湯後,再拌入鮭魚生魚片,並鋪上帆立貝、鮭魚卵等海產,讓高級版釜飯簡單而隆重地呈現給各位貴賓。

材料

醬油漬鮭魚卵	1 盒
北海道帆立貝柱	1 盒
鮭魚生魚片	1 條
花蓮富里米	10 人份
牛頭牌原味高湯(昆布海鮮風味)	1 罐

作法

1. 洗米後,於鑄鐵鍋內加入高湯及水,米跟高湯水比例 1:1。

2. 將鑄鐵鍋放於炭火之中,並於蓋上平均放上正在燃燒的木炭後約 5 分鐘,移到小火處燜燒。

3. 約 1 分鐘後,打開鑄鐵鍋鍋蓋檢查,若水分收乾,可移離火源,再燜 10 分鐘。

4. 取平底鍋倒油,將北海道帆立貝柱煎至表面呈現微焦,盛起備用。

5. 釜飯加入切片鮭魚生魚片拌勻,讓鮭魚片半生熟後,加入醬油漬鮭魚卵及北海道帆立貝柱即完成。

島東譯電所調酒！「壞派對」

花蓮著名酒吧島東譯電所主理人阿光，跟超人氣鎮店之寶——光媽光爸一同參與盛宴，場面更見溫馨。露營豪華派對，海鮮配美酒，作為美好時光的結尾，不容錯過島東特調。阿光使用鳳梨、馬告入酒，充分體現台灣食材創意料理特式。

材料

鳳梨糖漿	15ml
茶味琴酒	45ml
檸檬汁	15m
二砂糖漿	15ml
馬告	酌量
通尼水	酌量

作法

調酒之所以有趣又神祕，全在於調酒師的即興發揮，以自身調酒技術經驗值及對材料的熟悉度，調配出當下最適合大家的口味，這就是「作法」。請以上述材料，加上期待，來迎接專屬你的獨一無二「壞派對」吧！

特別呈獻

Special Guest

島東譯電所主理人 阿光

古靈精怪，創意無限，有天感召，穿越蘇花公路，在花蓮經營島東譯電所，以東海岸後山山脈之活水製作出擁抱宇宙靈氣的大人飲料。嗜好收集奇珍異寶，樂於跟大家分享，當中鎮店之寶、花蓮名物絕對是光媽。

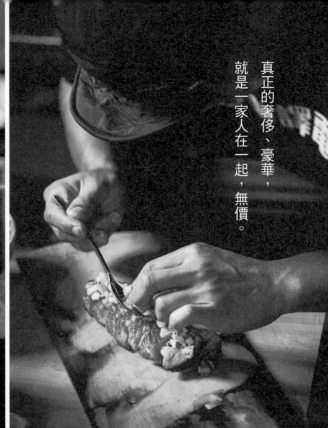

真正的奢侈、豪華，就是一家人在一起，無價。

在山林植物包圍下
以香草入菜

坪林露營場

傳承祖先智慧，善用香草入菜

植物比我們還早來到地球，植物不但提供了人類氧氣，也給了我們香氣，自古以來香草入菜就是祖先的智慧，香草也在近年成為居家布置、心靈療癒之物。而肉品跟香草更是永遠的好朋友，相互提升美味跟色彩，輕鬆簡單便可以展現廚藝。

大台北後花園，坪林

位於新北的坪林林間小溪，低海拔的山丘起伏串聯，也包含新店溪上游的北勢溪、金瓜寮溪等，因此水氣充足，早上霧水自然地灌溉山林植被，正午陽光充沛，溪水發揮降溫作用，就讓我們在坪林露營地的溪邊以植物入肉，同時淨化身心口福。

現採香草入菜搭配炭火鑄鐵烹調，
讓肉質和風味更上一層樓，
更為直火炭烤增添了一份柔性氣息。

植物系戶外男子的感性廚藝

台灣的野男孩，心裡都有溫柔的一面，誰說 BBQ 就只有汗流浹背？在現場採收香草，以百里香、迷迭香、甜羅勒醃製肉品的畫面，完美展現 BBQ 溫柔又專業的一面。由植寓空間設計主理人 Alex 帶隊，為這場兩日一泊的露營發揮香草美味，並且不私藏分享 Alex 的宵夜小零食。

Special Guest

植寓空間設計主理人 Alex

植栽達人 Alex 從小接觸植物，相信空間有了植物，不只改變了空間，也同時改變了人的心情，在這樣的轉化過程中，就是植寓的目標，讓人、空間、植物共生，提供專業的植栽諮詢。

獵人蝦拌麵

想像獵人摸黑入山，經過溪邊，熟練地設下捕蝦籠後，身影慢慢消失在叢林之中。後來叢林裡頭一陣騷動，婆娑樹影，獵人撥開松葉蕨、三叉蕨，從那些在土地生長了四億五千萬年的植物中探頭。帶著尊敬從背上把獵物放於植被之上，緩緩地升起火煮水，在溪中撈起捕蝦的竹籠，收穫滿滿，水煮開了，燙熟拉麵……

好像每位獵人都有自己祕製的辣醬，白蝦跟醬汁分開煮，加入路邊烤肉醬，更有野地之感，最後加上甜羅勒，是屬於獵人帶有詩意跟美感，獨一無二的早午餐。

材料

*路邊拌麵	1 包	洋蔥碎	20 g
*台灣白蝦	3～4 隻	蒜碎	5 g
*路邊烤肉醬	40 g	甜羅勒	3～4 片
*飛魚辣醬	10g	黑胡椒	少許
番茄醬	20 g	沙拉油	少許
蜂蜜	5 g		

作法

1. 將路邊拌麵煮熟取出，甜羅勒洗淨切絲備用。

2. 平底鍋下油熱鍋，放入台灣白蝦煎至上色取出。

3. 加入飛魚辣醬、洋蔥碎、蒜碎爆香，接著倒入番茄醬翻炒均勻，最後倒入路邊烤肉醬、蜂蜜、黑胡椒煮滾。

4. 上述醬汁完成後，放入先前煎過的台灣白蝦下鍋煮出蝦味後，拌入已煮好的路邊拌麵、甜羅勒絲即可。

* 飛魚辣醬為季節性商品，也可以市售麻辣醬代替。

百里香雞腿排

百里香（Thymus）因為香味溫和，在香草世界中公認為調和者，又因為含有麝香草酚（Thymol），帶有殺菌防腐的效果，在古時便已用來作為肉品防腐劑。在露營前一晚也可以先在家用百里香醃製雞腿排，可讓香氣更為濃郁，在戶外理料時輕鬆、省時、零失敗。而選擇雞腿排是因為無論在口味、營養、受歡迎程度上，雞腿排的綜合得分都比雞胸肉、雞翅高，所以在選擇醃肉時，讓雞腿排登場是最理想的選擇，大人、小朋友都讚不絕口。

材料

雞腿排	1 片
*普羅旺斯香草海鹽	適量
黑胡椒	適量
橄欖油	適量
新鮮百里香	適量
蒜片	1 小顆量

作法

1. 雞腿排洗淨用紙巾擦乾 ，將肉面劃刀斷筋（煎肉過程中比較不會收縮）。

2. 新鮮百里香切碎備用 。

3. 將雞腿排兩面都抹上海鹽、黑胡椒、百里香碎、橄欖油醃製 20 分鐘（或可放置冰箱靜置一晚更入味）。

4. 平底鍋放入少許油，熱鍋放入蒜片，將醃好的雞腿排皮面朝下入鍋轉中小火慢煎 ，煎至雞皮接近金色時再翻面續煎至雞腿排熟透即可。

香草不但可入菜，還能點綴野炊環境。帶上整株辣椒、迷迭香，
讓大廚可使用最新鮮香草，也能輕易成為聚會話題，再隨意掛
上喜愛霧水的松蘿，大大增加野炊氣氛及樂趣。

Tips 於溪谷野炊，請注意地勢及天氣，上午烈日當空，下午可能瞬間風雲變色，平緩及腹地較大的地形較為安全，進退容易。

路邊鴨血煲

在台灣，誰不知道鴨血煲？通常在戶外多是牛、豬、雞肉以及西餐為主，但台式的「煲」其實在多人聚餐時，更能派上用場，無敵簡單便可以讓大家大飽口福！這次大廚精選的是「鴨血」，將鴨血切塊、煮熟、泡冷水，無論何時，先煮熟其他配料，再加入備好的鴨血，就是最美味的台式野外麻辣鴨血煲！

材料

鴨血	2 塊	糖	10 g
市售麻辣醬	60 g	蔥段	1 根量
*路邊烤肉醬	100 g	水	600 ml
醬油	10 g		

作法

1. 鴨血切塊（不建議太小塊避免鴨血容易煮過頭）。

2. 將鴨血以清水煮熟，水滾後去掉雜質泡冷水備用。

3. 將水倒入鍋中煮滾，倒入麻辣醬、路邊烤肉醬、醬油、糖、蔥段煮滾。

4. 將泡在水中的鴨血取出瀝乾後放入，轉小火煮滾（切記一定要用小火，避免鴨血煮過頭容易失去飽水度導致口感不佳）。

5. 煮滾後用小火燜煮約 10 分鐘後關火浸泡半小時。

6. 食用前再以小火加熱煮滾即可。

> **Tips** ★鴨血成品可先浸泡一晚會更入味，也可依個人喜好加入蔬菜、菌菇、豆皮、肉片等調理。
>
> ★完成作法步驟 4 後，可先把鴨血取出，當完成作法步驟 6，在小火下再放入鴨血復熱，避免鴨血因煮過頭而失去飽水度。

烤肉醬炒美人腿

在選擇燒烤食材時，配合口感跟味蕾，必須蔬菜與肉類平均登場，這一道「菜」正是當中的平衡。在清明跟中秋之間很容易可買到當季時令茭白筍，茭白筍其實是屬於禾本科菰屬的水生植物，它跟竹子、竹筍沒有關係，比較像水稻，在台灣，產地多來自埔里。

材料

茭白筍	6 根
山芹菜	適量
蒜碎	適量
沙拉油	適量
*路邊烤肉醬	適量
*特製胡椒鹽	適量

作法

1. 茭白筍去皮洗淨切塊，山芹菜洗淨切段備用。

2. 炒鍋下油熱過後，放入蒜碎爆香後放入茭白筍翻炒。

3. 依個人口味喜好倒入路邊烤肉醬、胡椒鹽翻炒調味，起鍋後放入山芹菜拌勻即可。

> **Tips** 茭白筍口感脆嫩清爽，外層綠色的筍殼須剝開，近根部較為粗糙的筍頭可以切除，即使不醬炒，現烤或入湯也都是非常好的選擇。

We talk at the Mid-Night

你知道嗎？在露營時，有一餐叫「After Dinner」，即宵夜。不管是仲夏還是入冬，只要生起營火，Campers 就會自自然然帶來椅子圍坐，或坐在枯木、石頭上玩集體遊戲、聊天及烤東西吃，這就是露營最迷人的地方。

After Dinner Menu

1. 烤茭白筍玉米筍時蔬：把中午剩下的食材加入喜歡的香草以濾網烤熟。

2. Alex's Special：直火快烤大塊鱈魚香絲，香脆熱吃，齒頰留香。

3. 怎麼可能沒帶上台式烤香腸！

Route
04

今晚不如
在頂樓 BBQ！

城市頂樓

頂樓烤肉，城市浪漫標配！

站在頂樓，以不同視角看世界，不知道是不是因為海拔變高，離地感跟平日不同，又跟天空近了一些，單純站在這空間就覺得心曠神怡。還有一旦朋友知道你家有頂樓，便會搶著說要來 BBQ ！看來「頂樓燒烤」是一個標準配備。

在城市中的頂樓，招呼朋友，零失敗的路邊烤肉料理包加上戶外烤爐的登場，久違的 Rooftop Party 來了！

宴請好友，就在頂樓**BBQ**！

好好珍惜面對面一起聚聚

我們慢慢會忘記 2020 年開始的疫情，如何改變我們的飲食習慣，但人類卻沒法忘記跟朋友在一起吃飯的快樂。在經過很多年之後，我們會跟孫子、後輩說，有段時間，我們不但沒法內用，甚至沒法跟朋友見面慶生、聚會，我們只能隔著螢幕「一起吃飯」……當說起這些「往事」時，會不會更加珍惜一起相見一起吃飯的時光？

在古道具店的頂樓，超過 30 人的聚會，一起吃飯，「燒烤」是最好的選擇！只要烤爐夠大，裝備夠好，加上購買已處理好的鮮肉、海鮮等食材，即可優雅、輕鬆地大展身手！

Special Guest

1970 古物店主理人 嘉翔

從小在姑姑家的古物店打滾，相信人與人之間要互相
交流、分享，收集古物變成日常生活，也使用古物來
點綴生命，覺得古物是用來使用、分享故事，而不單
單僅是一種收藏品。在宜蘭羅東合夥經營 1970 古物
店，不但販售古道具，還提供修復、客製古家具服務，
店內還有金工師、設計師駐場。

台式烤肉醬

來！我們越級挑戰自製「台式烤肉醬」，別再只用○○香。在材料之中，出自廣東的「蠔油」在台灣一般家庭中比較不常見，不少朋友甚至以為「蠔油」跟「醬油膏」差不多，但兩者除了一樣濃稠外，原料跟味道都不一樣。「蠔油」以生蠔熬煮提煉而成，而「醬油膏」主材料是黃豆，也因此「蠔油」帶海鮮味，可以增加肉類鮮味及光澤，所以這款「路邊不私藏台式烤肉醬」也特別用上蠔油，讓烤肉可以吃出新鮮感。

材料

醬油	60 g	米酒	30 g
蠔油	30 g	水	300 ml
沙茶醬	30 g	五香粉	少許
二砂	60 g	胡椒粉	少許
蒜碎	15 g	太白粉	60 g

作法

1. 將鍋中倒入水及所有調味料拌勻煮滾，烹煮過程必須一邊攪拌避免鍋底燒焦，等待醬汁煮滾變濃稠，烤肉醬就完成了。

醃製雞肉串

日式烤爐就是要搭配很多很多串燒,在所有肉品串燒中,雞肉串燒接受度最高。選用雞腿肉是因為這部位有足夠的運動量,肉質扎實又有彈性,直火燒烤後水分也不易過度蒸發。如果使用雞胗、雞心,也可以成為簡單串燒,輕鬆獲得全場掌聲!

材料

雞腿	1 隻	味醂	20 g
(也可改用雞胗 8 顆、雞心		水	20 ml
10 顆比例)		蒜碎	少許
醬油	40 g	蔥末	少許
米酒	20 g	胡粉椒	少許
糖	10 g		

作法

1. 將雞腿平均切成 9～10 塊大小,放入上述所有調味拌勻搓揉醃製半小時。

2. 雞腿肉醃製完成後,將雞腿肉串上烤肉串即完成,就可開始烘烤了。

3. 如果使用竹串,建議可先提前泡水約半小時,烘烤時竹串較不易燒焦。

*「路邊生鮮製造所」官網也有販售各式串燒。

蔬果五花捲

位於豬腹部連著皮，一層瘦肉一層肥肉的間隔，就是五花肉，又稱為「三層肉」；牛肉也有「牛五花」，就是胸腹肉，也被稱為牛培根。將五花肉切成薄片捲起蔬果，因為油脂分布較多擁有濃厚風味，完全超出想像，蘋果搭配豬五花肉或牛五花肉片居然這麼美味！水果的酸甜配上肉汁油花剛好的一例，有著韓式燒烤的豪邁！

材料

*豬五花片或牛五花片	適量
蘋果	1 顆
小番茄	適量
玉米筍	適量
蔥段	適量
烤肉醬	適量

作法

1. 將蔬菜類食材洗淨擦乾，蘋果平均切成八等份，蔥切至約 5 公分備用。

2. 依個人喜好將食材置於五花肉片上，向內捲起，開口處以竹串固定，一串約 3 ～ 4 顆以上比較好烤。

3. 如果使用竹串，建議可先提前泡水約半小時，烘烤時竹串較不易燒焦。

台式烤玉米

烤玉米是燒烤中的必備品！沒想過只是在烤肉醬加入花生粉及沙茶醬，即可瞬間提升玉米在舌尖上的美味！簡單的食材，只要花心思在醬汁上，無法抗拒的食慾讓人一口接一口地吃下去。

材料

玉米	4 根
*路邊烤肉醬	60 g
花生粉	25 g
沙茶醬	10 g
蒜泥	5 g
白芝麻	適量

作法

1. 玉米洗淨，先用滾水煮約 20 分鐘，煮熟備用。

2. 烤肉醬、花生粉、沙茶醬、蒜泥拌勻備用。

3. 也可將事先煮熟的玉米用竹籤串起，平均塗抹上調製好的烤玉米醬，放上烤架烘烤。

4. 烘烤至烤玉米醬濃稠平均附著在玉米上，最後再撒上白芝麻即可。

1.* 現烤日本生蠔

2.* 直火烤香魚

3.* 炭燒台灣白蝦

4.* 炭燒船凍冰鮮透抽

5.* 日式烤麻糬

6. 炭燒帆立貝

露營場裝備先決，
肉桂捲登場！

嘉義露營場

在雨滴聲中炊煮，氣氛正好

由台南路邊烤肉主理人王老師，帶領大家出發到嘉
義露營場地。突然下大雨？有什麼好怕？全體人員
立即搭起天幕，滴答滴答的雨點打在天幕，下雨露
營才是正經事！晚餐兩款鑄鐵鍋無肉不歡，宵夜是
王老師不私藏戶外 Camping Style 現烤肉桂捲，隔
天早上以清爽酪梨 Taco 餅收尾。在露營場展開新
的一天，就是大伙坐在天幕之下，一起做菜。

從市區出發，
開車便能輕鬆抵達森林系 Camp Site。

鑄鐵鍋使用吊掛方法，可利用吊掛高低調整火候大小，而使用承托方法則可一次推疊兩個或更多鑄鐵鍋。請注意無論營地是碎石地、沙地或草地，務必「炭不落地」，共同珍惜維護環境。

Special Guest

台南路邊烤肉 王老師

肉桂捲達人，住在嘉南平原的王老師，熱愛收藏、使用黑色系產品，
露營用品全為黑色。但不能因為鍾情黑色，就輕易定義他是暗黑的
人，當他柔情專注地製作肉桂捲時，在綠油油的森林裡，他就是光。

鑄鐵鍋無水咖哩燉羊腩

羊肉跟燒烤是絕配，但除了烤羊肉，還可以如何在戶外烹調出美味羊肉？用燉煮的如何？只要使用鑄鐵鍋，便可以慢火直烤食材，並將食材的原汁原味徹底保留。剛好，下雨，咖哩可以祛濕。原來加入印度咖哩粉外，還可以使用主廚的「祕密咖哩」配方，輕鬆煮出香料風咖哩。而鑄鐵鍋無水咖哩燉菜，還可以依個人喜好，燉煮不同肉類或蔬菜。

材料

橄欖油	少許	印度咖哩粉	45 g
蒜末	少許	肉桂粉	5 g
薑末	少許	丁香	3 顆
洋蔥丁	1 顆	椰奶	300 ml
番茄丁	2 顆	羊肉腩	500 g
月桂葉	4 片	馬鈴薯切塊	1 顆
薑黃粉	15 g	紅蘿蔔切塊	1 根
五香胡椒粉	30 g	糯米椒	6 根
孜然粉	15 g	鹽	少許
匈牙利紅椒粉	30 g		

作法

1. 鑄鐵鍋倒入少許橄欖油，放入羊肉腩煎至上色，取出備用。

2. 將蒜末、薑末倒入鍋中爆香，再放入所有香料炒勻至香味散發，倒入洋蔥丁、番茄丁炒出水分。

3. 放入事先以煎好的羊腩塊，以及馬鈴薯塊、紅蘿蔔塊、糯米椒，與香料炒勻，蓋上鍋蓋小火煮至 1.5 ～ 2 小時。

4. 待燜煮時間到後，起鍋前倒入椰奶、鹽調味即可。

燜烤鹹豬肉高麗菜封肉

均衡飲食，有肉就有菜。來到營地，不用擔心綠葉菜類容易變壞，也不必擔心重量，那就直接帶上一大顆高山高麗菜。如果單純用炒的，實在太無趣！來點新鮮感、客家感，使用整顆高麗菜燜烤，打開鍋蓋時，全場「嘩！」聲四起，高麗菜完美吸收鹹豬肉的肉汁，加上使用「山林黑珍珠」馬告調味，不同於咖哩的辛香味，令人食指大動。

材料

鹹豬肉	半塊（約 150 g）
高麗菜	1 顆
蒜碎	少許
胡椒粉	5 g
馬告粉（山胡椒粉）	少許
鹽	適量

作法

1. 先將高麗菜蒂頭去除（需保留整顆高麗菜）。

2. 鹹豬肉切碎，備用。

3. 平底鍋熱鍋後倒入蒜碎爆香，倒入切碎的鹹豬肉、胡椒粉、馬告粉，炒至鹹豬肉金黃上色。

4. 將已處理好的高麗菜放入鑄鐵鍋內，平均撒上適量的鹽，在挖開的蒂頭空心處倒入步驟 3 的香料鹹豬肉，蓋上鑄鐵鍋鍋蓋至包覆整顆高麗菜。

5. 以小火平均烘烤約 30 分鐘，將高麗菜燜熟即可。

> **Tips**　★於鑄鐵鍋內，可將胡蘿蔔、馬鈴薯、玉米圍繞著高麗菜，讓這些蔬菜吸受到鹹豬肉的油分及蒜香，善用空間、燃料、時間跟食材！
> ★如沒有鑄鐵鍋，也可以用錫箔紙代替，包裹整顆高麗菜。

使用整顆高麗菜「封肉」，
在露營場上大顯身手！

酪梨雞腿排 Taco 餅

露營的早上，總有一個人會先起床，為自己煮杯咖啡，在清晨的營地走走，輕鬆地探索每個角落。回到天幕下的廚房，已經有其他人起床，收拾昨晚留下的「戰績」，準備煮早餐！

今天早餐主角是「Taco」墨西哥餅！靈魂餅皮，當然要現場製作，才是原汁原味的露營戶外魂！

Taco 餅皮

材料

粗玉米粉	100 g	酵母	2 g
高筋麵粉	100 g	橄欖油	少許
水	100 ml	鹽	少許

作法

1. 將所有食材一起攪拌均勻後，揉成團狀，蓋上濕布後封上保鮮膜（避免麵團乾燥），靜置 10 ～ 20 分鐘後，將麵團分成八等份揉成球狀靜置 5 分鐘，靜置完成後將麵團撒上少許麵粉將麵團擀平。

2. 平底鍋加入少許橄欖油，以中小火加熱，將餅皮煎烤至兩面上色即可。

墨西哥莎莎醬

材料

洋蔥丁	半顆	檸檬汁	約半顆檸檬
蒜碎	20 g	黑胡椒	少許
番茄丁	1 顆	鹽	少許
墨西哥辣椒	4 瓣	Tabasco	少許（可不加）
香菜碎	適量（可不加）	橄欖油	少許

作法

1. 將所有食材拌勻即可。

在營地大家坐在一起，
動手煮食的場面就是溫馨

酸奶酪梨醬

材料

酸奶油	50 g	檸檬汁	約半顆檸檬
酪梨	2 顆	黑胡椒	少許
Tabasco	少許	鹽	少許

作法

1. 將所有食材用食物調理機打勻即可，若無調理機，可以將食材裝進保鮮
   袋，以手按壓將食材拌勻即可。

酪梨雞腿排 Taco 餅

材料

Tortilla 玉米餅（Taco 餅皮）	生菜絲
*舒肥義式雞腿排 1 片	酸奶酪梨醬
	墨西哥莎莎醬

作法

1. 將舒肥義式雞腿排，煎熟、切塊備用。

2. 取一片 Taco 餅，依照個人喜好，依序鋪上生菜絲、義式雞腿排、酸奶
   酪梨醬、墨西哥莎莎醬即可。

鑄鐵鍋楓糖蘋果肉桂捲

王老師早在加入路邊烤肉團隊前，便已是資深露友，因為他的露營裝備都是暗黑色系，因此在露營圈有「台灣黑魂」的稱號，王老師不但熟悉最新國外露營裝備，更擁有在戶外也難不倒他的好廚藝！這次為大家特別全面曝光，在戶外圈早已成為傳奇的「王老師肉桂捲」食譜！會露營又會做甜點的男生就是帥～

材料

麵糰

高筋麵粉	500 g
白砂糖	30 g
鹽	10 g
雞蛋	2 顆
鮮奶	220 ml
速發酵母	7 g
室溫無鹽奶油	50 g

蘋果餡料

蘋果	2 顆
白砂糖	依喜好
檸檬	依喜好
奶油	適量
肉桂粉	依喜好

楓糖糖漿

無鹽奶油	120 g
動物性鮮奶油	120 g
楓糖漿	115 g
黃砂糖	75 g
鹽	少許
肉桂粉	依喜好

抹料

肉桂粉	依喜好
黑糖	依喜好
無鹽奶油（隔水加熱）	依喜好

路邊烤肉府城店主理人親授

肉桂捲野外製作！

作法

1. 速發酵母加入牛奶後攪拌均勻，放置一旁靜置，另準備一個碗把高筋麵粉過篩，加入白砂糖、鹽拌勻，拌勻後依序加入雞蛋、牛奶、室溫奶油，揉至麵團呈光滑狀，夏天約室溫蓋布發酵 60 分鐘。

  　　　　* 如果天氣冷溫度較低，王老師建議可把麵團放在營火或暖爐旁發酵。

2. 利用麵團發酵期間製作糖漿以及內餡。

  糖漿：將所有糖漿食材放入鍋中，小火煮至略稠後倒入鋪好烘焙紙的鑄鐵鍋內備著。

  　　　　　　　　　　　　　* 鹽跟肉桂粉可以依個人口味喜好加入。

  內餡：將蘋果切丁後放入煎鍋，依序加入奶油、檸檬、糖、肉桂粉，煮至蘋果呈半透明狀。

  　* 王老師喜歡內餡偏酸，所以檸檬加比較多，可先試吃再依蘋果甜度做調整。

3. 將發酵好的麵團（手指下壓不回彈）靜待 10 分鐘（排氣 / 二次發酵），接著擀成約 72 × 30 公分後（一顆抓 6 公分），鋪上事先炒好的蘋果內餡，抹上隔水加熱的奶油，均勻灑上黑糖粉與肉桂粉，由下方開始往上捲，切成 12 份後就可以放入鑄鐵鍋內，準備二次發酵 30 分鐘。

  * 分切後王老師習慣把最後收尾的麵皮捏緊，就跟包水餃一樣，避免烤完後分開。

  　　　　* 二次發酵跟前面提到的一樣，如果天氣較冷可以放在溫暖一點的地方。

4. 發酵完後就是最關鍵的烤，王老師習慣抓鑄鐵鍋上下各用四根 15 公分左右木炭烤 30 分鐘，烤至 20 分鐘時可先開鍋看一下，如果邊緣的麵團比較生，可以把炭放到角落一點。

5. 烤至 30 分鐘左右時確認狀況差不多，就可將肉桂捲倒扣倒出。可依據使用鐵鍋形狀，準備方形濾水盤或圓盤。

「冬天時，大家在營地可以利用下午時間先把麵團弄好，等到晚餐時就可以一起烤，這樣剛好就是一道很讚的飯後甜點，順便再煮鍋熱紅酒，真是完美。祝各位都可以成功！」

——王老師

烤肉，原來也可以
很粉紅、很少女

司馬庫斯

約定，
在櫻花盛開的時候去烤肉！

好想在櫻花樹下，烤肉

1989 年，位於新竹尖石鄉的司馬庫斯部落才有柏油路，據說直到 1990 年
部落蒙主發現 2,500 年神木，開始發展觀光，在 2000 年更積極展開部落共
同經營的行動，2004 年推行「經濟共享、土地共有」制度，同時種有 2,000
株昭和櫻、山櫻花、八重櫻、普賢象櫻、霧社櫻、吉野櫻等櫻花品種。一向
被認為充滿陽光氣息的路邊烤肉，也踏上這片位於海拔 1,500 公尺，泰雅族
最高的「上帝的部落」──司馬庫斯，不但在櫻花樹下做菜，還全員晨跑
擁抱神木！少女心大爆花！

森林之巨木

司馬庫斯部落族人相信這裡是上帝應許之地，超過 1,000 年的紅檜神木便多達 20 多棵。Yaya Qparung 巨木，Yaya 是泰雅語媽媽的意思，Qparung 則是泰雅語的檜木，有「孕育撫養」的意思。這裡不僅是泰雅族人精神的庇護所，過去在遭受日本人攻擊時，部落裡的婦女小孩就藏匿在這神木群中。在司馬庫斯最大的七號巨木，樹齡已達 2,500 多年，全台神木排名前 10，且周長 20.5 公尺，需 20 人才能環抱，是目前台灣已發現的巨木排名中第二大，僅次於阿里山神木。

進入司馬庫斯最後的大橋下，就是塔克金溪（泰崗溪），位於新竹尖石鄉深山的溪谷，正是台北淡水河的最上游！

地中海風味香料奶油醬烤章魚

章魚繁殖時間一般集中在春秋兩季，春秋兩季的海水水溫在 16℃左右，漁期因此也分為春秋兩季，春季三到五月；秋季九到十一月，春天當季時，也正值櫻花盛開。一般民眾想到章魚、櫻花、露營，很可能只會想到章魚燒，但這次來到原住民部落賞櫻，特別獻上「慢烤整隻章魚」，以直火致敬這片土地努力的人們。

材料

章魚	1 隻	歐芹	少許
紫洋蔥丁	1/4 顆	*普羅旺斯香草海鹽	少許
番茄丁	1/4 顆	檸檬汁	1 顆
蒜碎	4 瓣	（半顆做醬料，半顆用於烤	
辣椒	1 根	好章魚調味）	
黑胡椒	少許	奶油	100 g

作法

1. 奶油以小火加熱至澄清狀備用。

2. 將所有蔬菜及香料放入磨缽中搗碎（也可用食物調理機攪拌），再倒入澄清奶油中拌勻，即成香料奶油燒烤醬。

3. 清洗章魚，將章魚腳中央連結章魚身處章魚嘴去除。

4. 將清洗處理好的章魚放上烤爐，把表面水分烤出（此時章魚的顏色由黑透明轉成白紫色），再將香料奶油燒烤醬分次均勻抹在章魚上，待章魚吸收，依炭火狀況翻烤，繼續均勻抹上醬汁，將章魚烤熟。

5. 將烤熟章魚切塊，最後擠上檸檬汁即可。

> **Tips** ★在翻烤同時可用小刀將章魚腳較厚的部位劃開（不須劃斷），有助於醬汁吸收並讓章魚熟度平均。
> ★建議以中小火燒烤。

啊！這不就是台北米其林指南的文華東方酒店中義式餐廳的名菜！
但能在野外吃到酸辣、海鹽味又有嚼勁的大章魚腳，僅此一家。

炭燒咖啡放山羊肋排

羊肋排即連著羊肋骨的肉及肋骨，位於羊脊下，兩側各有一扇呈長條形的骨，外覆一層層薄膜，肥瘦結合，質地鬆軟，是羊排中的上品。在東方食補中，可以對脾胃虛寒導致的反胃、身體瘦弱、畏寒等有舒緩作用。因為羊肉性溫，冬季常吃羊肉，不僅可以增加人體熱量，抵禦寒冷，而且羊肉含有豐富的蛋白質、鈣、鐵，維生素 C 甚至比猪肉、牛肉更高。至於羊肉特有的騷味來自於羊脂肪中的特殊脂肪酸，只要去掉脂肪後，羊肉便不會有這騷味，當然使用路邊烤肉特別的咖啡醃法也可以去騷！在高山，初春早晚溫差大時，嘗一口炭燒咖啡放山羊肋排，暖心又暖胃。

材料

放山羊肋排	5 支	紫洋蔥絲	1/4 顆
（也可使用進口羊肋排）		蒜碎	5～6 瓣
醃料		黑胡椒	少許
二砂	30 g	迷迭香	2 支
炭燒咖啡粉	30 克	紅酒	100 ml
水	100 ml	多利多滋	適量
醬油	40 ml		

作法

1. 羊肋排以刀背拍打鬆弛，用刀尖平均在羊排上戳洞，方便羊肋排醃製時容易入味，也達到斷筋效果。

2. 咖啡粉倒入鍋中，以小火翻炒出香氣後先取出。

3. 二砂倒入鍋中以小火翻炒至焦糖化，倒回作法 2 及其餘所有醃料材料（紅酒以外）煮滾，放涼後倒入紅酒，完成醃料。

4. 將處理好的羊排放入作法 3 醃料中，將羊排與醃料拌勻，醃製 24 小時。

5. 醃製好的羊肋排放上烤爐，將羊肋排來回翻烤至羊肋排烤熟。

6. 最後將多利多滋捏碎，撒上烤好的羊肋排即可。

火烤時蔬溫沙拉

你一定想不到，跟祕製路邊烤肉醬最搭的其實是「蔬菜」！蔬菜肉類均衡攝取才是現今飲食之道，火烤溫沙拉更讓人食指大動。高麗菜芽不去蒂頭直接切半直火烤，不但擺盤起來漂亮，更能完全鎖住醬汁及菜汁，讓火烤後蒸出的水分充分滲入每一葉片中，令火候更平均、更好吃入味，口感完美，軟硬適中。同樣手法用在長邊對切剖半的杏鮑菇上，只要再輕輕用刀尖劃出格紋，刷上路邊烤肉醬後，更能讓杏鮑菇上色及入味，保留剛剛好的青草味又不會太 Wild。

材料

高麗菜芽	4 顆	* 路邊烤肉醬	適量
小型栗子南瓜	1 顆	胡椒粉	少許
杏鮑菇	2 根	檸檬汁	約 1 顆檸檬量
櫛瓜	1 根		
甜椒	1 顆		

作法

1. 將所有食材洗淨。

2. 高麗菜芽不去蒂頭對切剖半、栗子南瓜去頭去籽切塊（南瓜大小決定烘烤時間，建議不要切太大塊）、杏鮑菇對切剖半、櫛瓜切約 1.5 公分厚、甜椒去籽切塊。

3. 將炭火鋪平，保持中小火狀態，先放上南瓜烘烤，將南瓜烤熟。

4. 再放上其他食材烘烤，平均刷上路邊烤肉醬、胡椒粉至所有食材烤熟。

5. 依照個人喜好擺盤，最後擠上檸檬汁即可。

看著炭火烤時令蔬菜，滿滿在地、當季的回憶！

鑄鐵鍋現爆爆米花

現在在超市，甚至超商都可以買到備有鋁箔盤、未熟的爆米花。在戶外，連小孩也可以輕易爆出爆米花。BUT ！要不要更酷地表演大人版爆米花！直接在炭火之上，使用鑄鐵鍋製作爆米花，同樣輕鬆，而且更為帥氣，連大人都看得出神，過程驚喜中又帶點刺激，不到 10 分鐘，各自抓起一把又一把熱騰騰的爆米花山，就是晚上 Chill Time 的最佳零食！

材料

卡滋 DIY 玉米粒	1 包
植物油	適量
鹽巴 、黑胡椒、起司粉、焦糖醬 隨喜	

作法

1. 在營火上放上鑄鐵鍋。

2. 在鑄鐵鍋中倒入一包卡滋 DIY 玉米粒。

3. 倒入植物油蓋過所有玉米粒。

4. 不斷拌炒玉米粒，直到有玉米粒開始爆開，即蓋上鍋蓋。

5. 待啵啵啵聲全部停止後，開鍋蓋，灑上喜歡的鹽巴 、黑胡椒、起司粉，甚至是焦糖醬，再微微翻動爆米花，大成功！

We Make Popcorn with a Dutch Oven！爆米花來了～

沉醉於巨木、櫻花之中，野炊烤肉系男子除了本來的瀟灑，好像多
了一份不捨。因為櫻花綻放的短暫，因為巨木的倒下，或正在思考
生命中看似無常，才是恆常。珍惜當下，以烤肉會友、一起賞花。

野溪溪釣，
現釣現吃的好味道！

坪林野溪

釣魚跟烤肉，惺惺相識的絕配，出場！

天賜美食早在台灣溪谷之中

整個台灣面積有 60% 是山林，也是東南亞 3,000 公尺以上高山
之最，因此也擁有很多溪谷、河川，尤其在新北市，低海拔山
林較多，所以輕易能到達像坪林一帶的溪邊。溪谷石灘烤肉是
台灣人的驕傲！路邊烤肉隊友在盛夏中親自試範一邊曬肌、溪
釣、玩水，一邊烤肉！

揚手拋出釣魚竿，帥氣一口烤香腸

溪釣最常使用的是「浮標漂流釣法」，釣魚本身易學難精，但身為戶外活動愛好者，只要出發野溪，就會忍不住想到釣魚！就跟去野溪就要烤香腸一樣？烤香腸是超級無敵初級烤肉，重點是手執或口咬「竹籤」的帥氣，能一手釣魚一口脆皮香腸，美味立即倍增。

不如一起去溪釣？

在自然中覓食，將自己成為生態鏈中的一員，當成為循環的一員時，比起在市場買到的食材，或許會更珍惜、了解食材，當下的滋味必定勝過饕餮盛宴。

酥炸溪魚，經典台灣味

溪畔烤肉很正常，但酥炸料理竟然也能在戶外出場，甚至極度搶鏡！「溪哥魚」在台灣漁類資料庫中本名是「粗首馬口鱲」，為台灣原生種，原產於北部、西部的溪流中，體形如手掌大小，肉多肥美，炸至魚骨也酥酥，便可整條食用。這些山間料理平時並不常見，這次來到溪邊溪釣，以直火酥炸，現釣現吃，一口接一口停不下來！

材料

溪哥魚	500 g
* 特製胡椒鹽	少許
米燒酎	少許
地瓜粉	適量
沙拉油（或耐炸油）	適量

作法

1. 先將溪哥魚清洗乾淨，浸入特製胡椒鹽、米燒酎拌勻醃製 15～20 分鐘，裹上地瓜粉備用（也可使用一般胡椒鹽、米酒）。

2. 起油鍋，將溫度控制在中小火（約 160 度），將裹好地瓜粉的溪哥魚放入油鍋炸酥起鍋，依個人喜好撒上特製胡椒鹽即可。

> **Tips　戶外篝火控火、控油溫小技巧**
>
> 一般收集木材後，將木材聚在一起全部點燃，火勢會比較旺，可在木材大致都點燃時，將木材微微打散，降低火焰高度、平均火苗燃燒穩定度，利用木材慢慢完全燃燒的狀況，使木材維持在紅火燜燒狀態上（較無大型火苗）。若使用木炭，則將木炭燒至紅透無火苗狀態，將木炭鋪平後架上油鍋，以便控溫。

只要簡單料理，溪魚也可以成為主角

焦糖蜜蘋佐紫蘇香料豬棒腿

料理界常以鳳梨、芒果、蘋果等水果入菜。用紅酒或焦糖熬煮過的蘋果，再以紫蘇包裹而成的「紫蘇蘋果」，是一道日式開胃點心，而這道「焦糖蜜蘋佐紫蘇香料豬棒腿」，可說是「紫蘇蘋果」的進階版，讓甜食跟肉食完美結合，香氣、口感都跟著層次提升。捲起來吃，第一口刺激味蕾的是從紫蘇來的清爽刺激感，緊接著是洋蔥的爽脆口感，然後是肉桂蘋果跟檸檬的幸福甜蜜感，最後是香料扎實豬腿肉的滿足感，層次豐富，令人愛不釋手。

材料

豬棒腿	5 支	肉桂粉	少許
蘋果	1 顆	紫蘇葉	10 片
無鹽奶油	30 g	洋蔥絲	半顆
二砂	25 g		
檸檬汁	少許		

作法

1. 將蘋果洗淨切至八等份，無鹽奶油、二砂放入平底鍋內加熱至二砂呈琥珀色及散發焦糖香味後，放入蘋果、肉桂粉、檸檬汁翻炒，煮到蘋果熟透上色備用。

2. 豬棒腿退冰後，放上烤爐加熱烤至表面上色。

3. 取一片紫蘇葉，鋪上少許洋蔥絲，將焦糖蜜蘋果切一小塊，取一小塊香料豬棒腿肉，用紫蘇葉包起，一口食入。

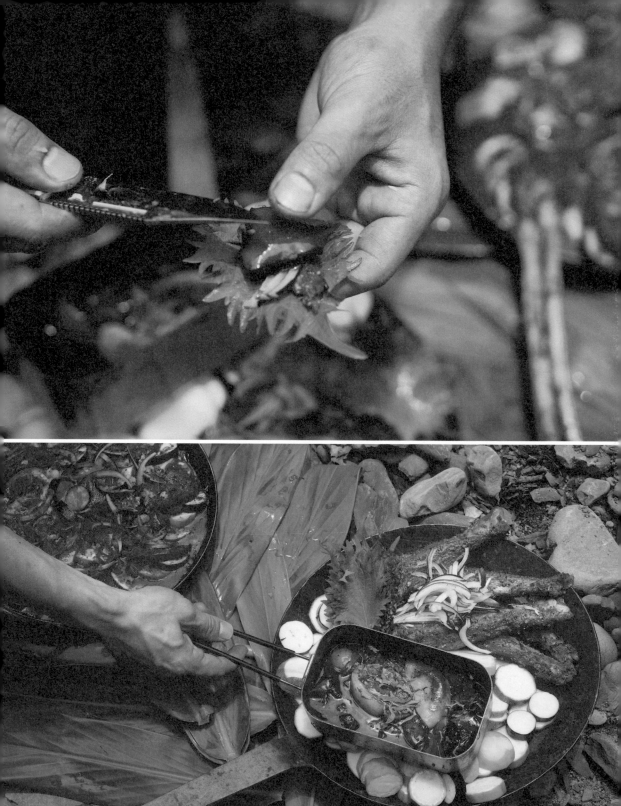

獵人醬燉煮時蔬搭烤吐司

抱著一大條吐司進入山野溪谷，總讓人安心，但又害怕是不是只能吃普通烤吐司，甚至只是乾吃白吐司！直接大叫 NO ！這時請帥氣地展示二頭肌，快速地把黃櫛瓜、綠櫛瓜、茄子、牛番茄切片，讓心中大叫 NO 的伙伴露出欽佩眼光。說時遲，那時快，平底鐵鍋已經鋪上以上食材，顏色之美令人目不暇給，這種燉煮時蔬的重點是獵人醬，只要醬汁的精華跟時蔬與吐司完美地混合後，這滋味讓平時不愛吃吐司、蔬菜的人也食指大動！

材料

牛番茄	1 顆	*普羅旺斯香草海鹽	少許
黃櫛瓜	1 條	黑胡椒	少許
綠櫛瓜	1 條	無鹽奶油	20 g
茄子	1 條	吐司	數片
蒜碎	少許		
紫洋蔥絲	1/4 顆		
新鮮巴西里	少許		
獵人醬	150 g		

作法

1. 將蔬菜洗淨，切至約 1 公分厚備用。

2. 取一平底鐵鍋，將獵人醬平均塗抹鋪底，依個人顏色喜好，將準備好的蔬菜鋪滿鍋面，撒上紫洋蔥絲、蒜碎、海鹽、黑胡椒、新鮮巴西里碎、奶油，蓋上鍋蓋或用鋁箔紙包覆，小火燉煮約 20 分鐘即可。

3. 將吐司烤酥，依照個人喜好分量將獵人醬燉煮時蔬鋪在烤吐司上，即可開動。

* 獵人醬做法可參考 P.70。

烤香魚炊飯

在 Route 01「野溪溫泉之絕景料理」中出現過的「香魚」，其名出自其背脊有條香脂腺，會帶來淡淡的瓜果香氣。料理香魚也很方便，因為生長環境乾淨，通常不用去鱗、去腮，更不用剖腹去內臟，尤其適合在野外作食材。在台灣，香魚的年產量更高達 100 公噸，而全台香魚的產量大約有 90% 來自宜蘭，而路邊烤肉創始店也正是在宜蘭！路邊烤肉告訴你：「公魚吃肉、母魚吃卵」，烤香魚炊飯，是一道簡單又好吃的飽肚魚料理！

材料

* 宜蘭抱卵母香魚	1 尾	水	1 杯
鐵串（烤肉串）	1 支	醬油	1 匙
鹽	適量	米酒	1 匙
白米	1 杯	味醂	1 匙

作法

1. 鐵串（烤肉串）由香魚鰓處串入，沿魚骨彎曲魚身，由香魚尾處串出，魚身呈 W 形狀（須沿著魚骨串，不然翻面時會只有鐵串空轉）。

2. 在香魚鰭抹上一層鹽（避免魚鰭烤焦，烤完後若魚肉不夠鹹，可搭配一點酥脆的魚鰭入口）。

3. 魚身兩側撒上少許鹽巴。

4. 插至焚火堆旁，將兩面烤至呈現金黃色。

5. 將米倒入煮飯神器內清洗後瀝乾水分，倒入水浸泡約 15 分鐘後加入醬油、米酒、味醂，再放入已烤好的香魚。

6. 將煮飯神放上爐架，以中火煮滾後，蓋上蓋子轉中小火，待看到冒煙後計時 10 分鐘，關火燜 10 分鐘即完成。

參訪老獵人，
機車出發野溪烤肉

武苔溪

自由，就是想去就去的野炊，
下午機車出發到後山的溪谷去！

武荖溪

武荖坑溪谷位於宜蘭縣冬山鄉、蘇澳鎮交界處，是由武荖坑溪
與東武荖坑溪的匯流處所形成的溪谷，是宜蘭人心中的後花園，
也是「蘭陽八景」之一。這一帶的溪谷比坪林溪谷更為廣闊平
緩，騎著機車來體驗野溪輕裝露營、安心暢泳，輕鬆自在。

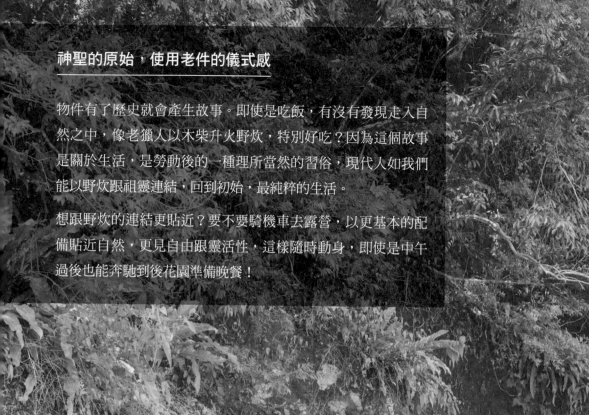

神聖的原始，使用老件的儀式感

物件有了歷史就會產生故事。即使是吃飯，有沒有發現走入自然之中，像老獵人以木柴升火野炊，特別好吃？因為這個故事是關於生活，是勞動後的一種理所當然的習俗，現代人如我們能以野炊跟祖靈連結，回到初始，最純粹的生活。

想跟野炊的連結更貼近？要不要騎機車去露營，以更基本的配備貼近自然，更見自由跟靈活性，這樣隨時動身，即使是中午過後也能奔馳到後花園準備晚餐！

老獵人野外用品店長 River He

「最初會如此熱愛待在山裡的原因？」可以說是
逃跑吧。回到最原始的情緒，撿起丟失掉的五感，
營火燃燒木質的煙燻味，赤腳感受著泥地的鬆軟。

Special
Guest

鳳梨翼板牛肉盅

「翼板」（Flat Iron）即肩胛部（牛肩）較軟的部位，在台灣又被稱為「嫩肩牛排」，纖維也比較細，含有許多筋絡及油花，口感類似牛小排，但比牛小排少油。鳳梨因含有鳳梨酵素，可分解蛋白質，入菜可幫助肉質更軟嫩，縮短肉類烹調時間。鳳梨同時也是高纖維水果，有消化酵素，可幫助消化。以完整鳳梨外殼作為容器，更讓美味昇華又兼具環保。

材料

切塊香料翼板牛	200 g
*普羅旺斯香草海鹽	適量
黑胡椒	適量
橄欖油	少許
鳳梨（使用半顆果肉）	1 顆

作法

1. 將牛肉切至約 2.5 公分塊狀，以黑胡椒、海鹽、橄欖油調味醃製 10 分鐘備用。

2. 鳳梨整顆對切後，將果肉取出、切丁，保留鳳梨完整外型當作容器盛裝。

3. 取一煎鍋，倒入橄欖油加熱，放入牛肉塊以大火快速將表面翻炒煎熟後，下鳳梨丁煎煮至個人喜好肉品熟度，即可盛裝鳳梨內完成。

*「路邊生鮮製造所」官網也有販售切塊香料翼板牛。

新疆風味麻辣孜然羊肉串

傳統獵人在山上打獵時，也會在山上解決三餐，這種文化放眼世界，獵人或許是最元祖的美食家，處理獵物、儲存獵物、料理獵物都是獵人必須會的技巧。在現代，不能也不宜隨便打獵進食山羌野味，所以以平地小羔羊肉代替，帶到山林之間野炊，以新疆風味麻辣孜然料理羊肉，慢慢地感受在曠野吃著麻辣孜然羊肉串燒，讓自己找回遊牧的樂趣。

材料

小羔羊肩肉	200 g
孜然粉	5 g
*特製胡椒鹽	5 g
*特製辣椒粉	5 g
蒜碎	少許
橄欖油	適量
洋蔥絲	1/4 顆
蔥段	2 根

作法

1. 將羊肉切至約 2.5 公分塊狀，用孜然粉、路邊烤肉特製胡椒鹽、特製辣椒粉、蒜碎、橄欖油調味醃製 10 分鐘備用。

2. 運用個人風格野營器具，將羊肉、洋蔥、蔥段切至個人喜愛大小，串至烤肉串烘烤。

> **Tips** 也可以取一煎鍋，倒入橄欖油加熱，放入羊肉塊以大火快速將表面翻炒煎熟後，放入洋蔥絲、蔥段翻炒即可。

輕量化烤肉串可至
老獵人戶外用品店選購！

梅酒風味鳳梨燉五花蓋飯

梅酒，除了可飲用之外，其實還可以入菜。梅酒燉肉，可使肉質軟嫩而不膩，還能帶出酸甜酸甜的風味。

野炊，其實沒有規矩。本來先民在外生活就自由奔放，人類發現了火，處理獵物就有了各種烹調方法，這不就是日本動漫作品《擁有超常技能的異世界流浪美食家》帶我們體驗、領悟的事嗎？所以一個鐵鍋、三個步驟、30 分鐘，就能燉煮出一道梅酒風味鳳梨燉五花蓋飯，是不是太帥？而燉煮都會有超入味濃郁的湯汁，請依個人喜好搭配飯或麵食用！

材料

豬五花肉片	300 g	鳳梨切碎	1/4 顆
梅酒	50 ml	蒜碎	少許
醬油	50 ml	洋蔥絲	1/4 顆
*特製胡椒鹽	5 g	熟飯	10 人份

作法

1. 除熟飯外，將所有食材加入豬五花肉片，拌均，醃製 10 分鐘備用。

2. 取一鐵鍋熱鍋，倒入作法 1 食材翻炒出水後，以小火燉煮 20 ～ 30 分鐘即完成。

3. 將作法 2 的食材，鋪於熟飯之上，成為梅酒風味鳳梨燉五花蓋飯！

路邊烤肉醬炒雞心糯米椒

雞心中含有大量脂肪，有助於提供必需脂肪酸，促進人體對脂溶性維生素的吸收，增加飽足感，也可補充蛋白質，特別對改善低血壓、緩衝貧血有幫助。古時人們便說雞心可益氣養血，獵人體力勞動大，加上珍惜獵物之心，內臟也會烹調成美味之物。所以以路邊烤肉醬炒雞心搭配來自日本元祖品種的糯米椒，輕鬆滿足獵人的大胃口。

材料

*路邊烤肉雞心串	1 盒
糯米椒	5 根
蒜碎	少許
*特製胡椒鹽	適量
*路邊烤肉醬	適量
醬油	少許
油	少許

作法

1. 先將雞心對切、糯米椒斜切約 1.5 公分寬，備用。

2. 取一炒鍋下油加熱，倒入蒜碎爆香後加入雞心，翻炒至表面上色，加入糯米椒、路邊烤肉醬、特製胡椒鹽、醬油，翻炒至收汁即完成。

吊燻風味鹹豬肉

在獵人的美食食譜中，「鹹豬肉」根本就是經典基本款！在不同原住民族中都有「鹹豬肉」的食譜，作法大同小異，都是醃製後吊燻或燒烤。而吊燻中的「燻」，也為古老烹調方法之一，西方早有使用煙燻處理豬肉的方法，以燃燒木材（或木屑）所產生的煙氣及香氣，縈繞在肉品的表層，再慢慢滲入肉內，逼出豬油，從而產生獨有香氣。

材料

豬五花	1 條
梅酒	少許
黑胡椒	少許
*特製胡椒鹽	10 g
*特製辣椒粉	10 g

作法

1. 將豬五花洗淨後擦乾，抹上梅酒、再倒入其餘調味料，放入冰箱醃製一晚。

2. 準備焚火吊架，將鹹豬肉吊至火源上方或周圍，以小火方式將鹹豬肉烤至逼油，將鹹豬肉表面烤至酥脆即完成。

Tips	★此料理放上焚火吊架後所需烘烤時間較長（約 2 小時以上），建議可提前準備，或使用平底鐵鍋香煎後再吊烤。 ★此料理須前一天備製，也可直接購買路邊烤肉舒肥蒜香鹹豬肉。

在野地只要有吊燻鹹豬肉，

就好像回到家，安心又平靜。

跟著前人的足跡，
在原始森林中炊煮

戒茂斯上嘉明湖

真誠熱愛野炊的人們，
都嚮往用雙腳走入山林。
負重攀升、肌肉痠痛，
都是為了更靠近荒野，
找回身而為人對於野炊的本能。

平靜，漆黑中只餘下蒸氣的濕度

如果沒法靠自身的能力，走入森林，並在漆黑中找到安心的理由，心跳的頻率跟蟲鳴樹影搖擺的速度協調，那還不算是獵人。如果望著風平浪靜的大海可以心平如鏡，那為何在未知的森林中會膽怯心驚？

真正樂於戶外，不是燈火通明，而是就算有非常多的不便，還能自在地融入當中，成為野外的一分子，心存感激地使用手邊自然之物，在野地中簡單豐足地生存。在晨光灑進草坡之前，緩緩地以自然的時間收拾，懷著對自然給予所有的感激之情前進，這就是真正的獵人。這樣的人，不管什麼食材，自然能料理得心應手，美味從內到外的循環。

我們從精靈森林「戒茂斯」走到「月亮的鏡子」嘉明湖

位於海拔 3,310 公尺的嘉明湖，是台灣第二高山湖泊，坐落於標高 3,496 公尺的三叉山東南側下。從台東戒茂斯攀登到嘉明湖是新興露營路線，共上升 1,425 公尺，沿路景致美不勝收，但路況近乎原始，整條路線不會遇上山屋，「原始」正是獵人最愛。

戒茂斯正是昔日布農族獵人的捷徑，沿路有豐富的松樹、杉木、紅檜，經過新武呂溪可以取用天然飲用水，在如排球場大的草地綠毯「營地」中野營。在陽光灑進營地前，我們一行 10 人慢慢地、安靜地各自低頭走向嘉明湖，真正的獵人沉穩、謙虛，上山見見朋友嘉明湖，並不存在挑戰的野心。

嘉明湖

嘉明湖的形狀為橢圓形，湖水為湛藍色，湖面長約 120 公尺，寬約 80 公尺，面積約 1.9 公頃，湖水深度約 6 公尺。沒有任何山澗或溪流流入其中，湖水卻常保終年不枯。因其湖水顏色深藍如寶石，被登山界美稱為「上帝遺失在人間之藍寶石」、「天使的眼淚」。

Our Route

<table>
<tr><td>Day
1</td><td>戒茂斯山登山口（南橫公路 156.5K）→（0.4K, 35 分鐘）→戒茂斯山前峰
→（1.6K, 90 分鐘）→戒茂斯山岔路→（0.2K, 10 分鐘）→戒茂斯山→（1.6K,
70 分鐘）→新武呂溪→（2.6K, 180 分鐘）→排球場營地（露營）</td></tr>
<tr><td>Day
2</td><td>排球場營地→（3.8K, 120 分鐘）→嘉明湖妹池→（0.5K, 20 分鐘）→廢棄
獵寮→（1.4K, 70 分鐘）→嘉明湖→（5.7K, 180 分鐘）→排球場營地（露營）</td></tr>
<tr><td>Day
3</td><td>排球場營地→（6.4K, 330 分鐘）→戒茂斯山登山口
（南橫公路 156.5K）</td></tr>
</table>

附録

比起點燃那耀眼篝火更重要的事
堅守，山野無痕

在野炊升火之前，謹慎評估對環境的影響及所有法規，評估自身對野外升火的管控能力。離開時，保持山林原有風貌，確保所有火源已經熄滅，避免出現燜燒情況死灰復燃，請將所有木炭打散、讓火熄滅，待降溫後，帶走木炭。請共同守護源自六、七〇年代的美國的山野無痕 （Leave No Trace，簡稱）概念。

山野無痕（ Leave No Trace ）
一：出發前充分計畫及準備
二：在正規山徑和營地上行走及紮營
三：妥善棄置廢物
四：保持原有風貌
五：減低用火對環境的影響
六：尊重野生動物
七：顧及其他遊人

野炊的確無比自由快樂，
謹記山林溪畔只是人類暫借使用的地球資源。

野炊升火 & 用火技巧

讓我們用最入門、最簡單的方式分享升火技巧,享受著火帶給我們的烹飪饗宴。當火光燃起,一群朋友圍著爐火,再來點小酒,讓美好停留在最深刻的回憶。升火技巧以及控制火候的應用,都是讓食物好吃的原因之一,而在野外,更是不可或缺的求生技能,來一起跟主廚學習吧。

\ 升火基礎 /

Part 1 野外露營就地取柴篇

野炊能攜帶的裝備有限,就地取材成為必要的技能,最簡單的方法是「收集」營地周邊散落的木材、枯枝、枯葉,甚至是已斷的竹子,來作為我們烹飪時最重要的燃料。

How to work

先將收集回來的材料分類，可分為「易燃性」及「延續性」兩大類，升火前可將較易燃性的材料集中作為引火材，引火材點燃後再延續使用火源較久的材料。

易燃性：細小枯木、枯枝、松針葉、乾草等較細碎又乾燥的植物

延續性：直徑 3 厘米以上的粗枯樹木，如：櫟樹木、相思木

將找回來的木材由細到粗分類，可讓我們在添材升火時延續火焰的持久性。越細的木材相對好燃燒但不持久，越粗的木材燃燒的持續性較持久，但也比較難點燃，這些木材可作為延續性木材。在升火過程中，請依照火勢需要由細到粗依續添加，使木材的火源能夠更持久，並且節省資源。

\ DIY 烤肉焚火台 /

就算沒有攜帶烤肉焚火台，我們也可以就地 DIY，只要利用較大的石頭圍繞成圈狀，便可做出野外烤肉焚火台，但必須注意要遠離易燃植物及升火合法性。

\ 戶外升火操作，來了！/

 在圍起的石頭圈中或烤肉爐上，鋪上易燃性的引火材，在引火材上方將較細的木材架設堆疊成金字塔型，並於木與木之間留有空隙，使空氣可進入木堆之中，當上方燃材擺設堆疊完，就可點燃引火材。待火升起後，可依照需要的火勢大小，慢慢加入較粗的木材延續燃燒，控制火侯。

 如有使用鍋具，待火升起後，就可將鍋具擺入火堆，直接烹調。

Part 2 攜帶木炭烤肉篇

木炭對於路邊烤肉來說，是除了食材以外，最為重要的工具。藉由木炭烘烤食材的氣味，由台灣東岸宜蘭竄起飄香撲鼻，傳遞到台灣每個地區。我們的精神標語、已知用火的用心，讓我們的印記到處烤肉，不斷地創造新的緣分。

木炭對於烤肉來說，是不可或缺、最重要的物品之一，因為木炭火力旺且持久，其高溫可瞬間封住肉汁，鎖住食物美味，並保持肉質甜嫩口感，增添料理的香氣層次。

How to work

將木炭敲成塊狀,排起堆疊成窯狀,堆疊過程中需留個開口以便點燃引火源。並且留意不要將木炭堆得太密,保留些許空隙,讓空氣流通,火才會燃燒得比較平均。待木炭燒至紅透時,即可將燒透的木炭打散、鋪平,就可以開始烤肉了。

點燃方式:可利用火種、紙張、瓦斯噴槍,或者也可將木炭直接放至瓦斯爐上,待燒透後再放進烤爐中。

\ 來烤肉了！/

依照火勢狀況放入食材烘烤,這就是 WildBBQ 最大的商業機密!

大火時:適合先烤較易熟的肉片,會釋放油脂的食物,讓烤網沾上一層薄薄的油,後續再烤其他食材時,會比較好烤也比較不會黏網。例如路邊烤肉的手工香腸、剝皮辣椒香腸、舒肥蒜香鹹豬肉、美國雪花牛肉片、美國帶骨牛小排等。

中火時:適合烤容易烤焦的食材,例如路邊烤肉的獵人二節翅、舒肥義式雞腿排、串燒食材、甜不辣、海鮮商品等。

小火時:適合各種魚類,因為魚類難熟、易碎,需要花時間慢慢烤,例如路邊烤肉的宜蘭抱卵母香魚、午魚一夜乾、柳葉魚串等。烤時不要急著翻面,避免食材破碎、不完整。

更多其他更多烤肉食材可上路邊烤肉官網「生鮮製造所」:www.wildbbqshop.com 購買。

Hey！Our 野炊友達！

火升起了，跟親朋好友同歡，可說是野炊最歡樂的畫面。

這些年多謝各位，一起烤肉一起野炊，路邊結盟。

路邊烤肉製作 Team

編輯：今日大吉

食譜：李育承

攝影：林祐任

行銷：張玉鳳、林子岑

參與：路邊烤肉全體夥伴

Special Thanks

台灣三六八
創辦人陳彥宇（368）

島東譯電所
主理人廖脩博（阿光）

1970 古物店
主理人劉嘉翔

植寓空間設計
主理人 Alex Cheng

老獵人野外用品
主理人 Jay Lee、店長 River He

心地日常
店主蔣雅文

野炊裝備：
Fjallraven、Primus、Petromax、Vintage Hunter

路邊烤肉風格野炊食譜

作　　者：路邊烤肉

裝幀設計：Dinner Illustration

內頁排版：Dinner Illustration

責任編輯：王辰元

發 行 人：蘇拾平

總 編 輯：蘇拾平

副總編輯：王辰元

資深主編：夏于翔

主　　編：李明瑾

行銷企畫：廖倚萱

業務發行：王綬晨、邱紹溢、劉文雅

出　　版：日出出版

　　　　　新北市 231 新店區北新路三段 207-3 號 5 樓

　　　　　電話：(02) 8913-1005 傳真：(02) 8913-1056

發　　行：大雁出版基地

　　　　　住址：新北市 231 新店區北新路三段 207-3 號 5 樓

　　　　　24 小時傳真服務：(02) 8913-1056

　　　　　Email：andbooks@andbooks.com.tw

　　　　　劃撥帳號：19983379　戶名：大雁文化事業股份有限公司

初版一刷：2024 年 2 月

定　　價：480 元

Ｉ Ｓ Ｂ Ｎ：978-626-7382-53-0

Ｉ Ｓ Ｂ Ｎ：978-626-7382-51-6（EPUB）

國家圖書館出版品預行編目 (CIP) 資料

路邊烤肉風格野炊食譜 / 路邊烤肉著 . -- 初版 . --
新北市：日出出版：大雁出版基地發行，2024.2
　面；公分
ISBN 978-626-7382-53-0（平裝）
1. 烹飪 2. 食譜 3. 露營

427.1　　　　　　　　　　　　112020906